U0221212

地震防灾避险
100 问

《地震防灾避险100问》编委会 编

地震出版社

图书在版编目（CIP）数据

地震防灾避险 100 问 /《地震防灾避险 100 问》编委
会编 . -- 北京：地震出版社，2022.1（2024.7重印）
ISBN 978-7-5028-5426-3

Ⅰ . ①地… Ⅱ . ①地… Ⅲ . ①地震灾害－灾害防治
Ⅳ . ① P315.9

中国版本图书馆 CIP 数据核字 (2021) 第 266762 号

地震版　XM 5830/ P　（6229）

地震防灾避险 100 问
《地震防灾避险 100 问》编委会　编
责任编辑：凌　樱
责任校对：鄂真妮

出版发行：**地 震 出 版 社**
　　　　　北京市海淀区民族大学南路 9 号　　　邮编：100081
　　　　　发行部：68423031　　68467991
　　　　　总编办：68462709　　68423029
　　　　　http: //seismologicalpress.com
经销：全国各地新华书店
印刷：河北文盛印刷有限公司

版（印）次：2022 年 1 月第 1 版　2024 年 7 月第 9 次印刷
开本：889×1194　　1/32
字数：48 千字
印张：2.125
书号：ISBN 978-7-5028-5426-3
定价：12.00 元

编委会

前　言

　　我国是世界上多地震的国家，也是蒙受地震灾害最为深重的国家之一。随着城市化进程的快速发展，人口数量和密度的不断增加，地震对人民生命财产的威胁，对人类社会的破坏愈演愈烈！2008年5月12日汶川特大地震又一次以无比沉痛的事实警示我们，防震减灾意识是全民要具备的"素质"，防震减灾行动是必须全民参与的特殊"战场"。

　　地震和其他灾害不一样，地震是在瞬间发生的。就是说，在地震发生的时候，能留给我们的"反应"时间非常有限。而地震救援因气象、交通、通信、组织力量等原因，往往要滞后一段时间，所以地震发生时的自我保护就更加重要。

　　要想战胜地震这个恶魔，减轻它给人类带来的灾难，我们就必须了解和掌握一些必要的地震知识。地震知识和避险技能可以使我们在突如其来的地震灾害面前遇震不慌，合理避震，有效地保护自己，帮助别人。

　　《地震防灾避险100问》从地震与地震灾害、地震灾害是可以预防的、震时的自救与互救三个方面，解答了公众最需要知道的问题。

　　如果你认真阅读完本书，就会知道基本的防震减灾知识好懂、好记，并不难学。而更为重要的是：对地震绝不能存有麻痹和侥幸心理。从"居安思危"的角度说，只有做好充分的准备，才能将地震灾害带来的损失减到最低。

　　生命宝贵，让我们从现在做起；地震灾害，让我们共同面对！

本书编委会

2021年12月

目　录

一、地震与地震灾害

1. 你了解我们的家园——地球吗？ ……………………2

2. 什么是地震？ …………………………………2

3. 天然地震有几种类型？ ………………………3

4. 构造地震是怎样发生的？ ……………………3

5. 什么是断层，它与地震有关吗？ ……………4

6. 全球每年发生多少地震？ ……………………4

7. 什么是地震波，它有哪些类型？ ……………5

8. 什么是震源？什么是震中，它是怎样确定的？……5

9. 什么是震中距，如何划分地震的远近？ ………6

10. 什么是震源深度？ ……………………………6

11. 什么是震级，它是怎样测定的？ ……………7

12. 地震按震级大小可分为几类？ ………………7

13. 什么是地震烈度，它与震级有什么不同？ ……8

14. 地震烈度是怎样评定的？ ……………………8

15. 我国评定地震烈度的技术标准是什么？ ………9

16. 什么是烈度分布图？什么是烈度异常区？ ……9

17. 震源深度对震中烈度有影响吗？ ……………10

18. 什么是地震带，世界上有几个主要地震带？ ……10

19. 什么是板块构造，它与地震活动有关吗？ ……11

20. 什么是板缘地震？什么是板内地震？ …………11

21．我国为什么是多地震的国家？ …………………12

22．我国地震主要分布在哪些地方？ …………………12

23．什么是"南北地震带"？ …………………13

24．什么是地震活动的周期性？ …………………13

25．什么是地震序列？ …………………13

26．什么是主震－余震型地震？ …………………14

27．什么是震群型地震？ …………………14

28．什么是孤立型地震？ …………………15

29．我国地震灾害为什么严重？ …………………15

30．什么是地震的直接灾害？ …………………16

31．什么是地震的次生灾害？ …………………16

32．地震火灾是怎样引起的？ …………………17

33．地震水灾是怎样造成的？ …………………17

34．震后疫病为什么容易流行？ …………………17

35．地震海啸是怎样形成的，它对我国有危害吗？………18

二、地震灾害是可以预防的

36．你知道《中华人民共和国防震减灾法》吗？…………20

37．什么是地震预报？ …………………20

38．地震能预报吗？ …………………21

39．你知道地震预报应当由谁发布吗？ …………………21

40．什么是地震谣传？ …………………22

41．怎样识别地震谣传？ …………………23

42. 听到地震谣传怎么办？ ················23

43. 什么是地震前兆？ ··················24

44. 地震微观前兆是怎样观测的？ ··········24

45. 你知道《地震监测设施和地震观测
    环境保护条例》吗？ ················25

46. 震前地下水为什么会有异常变化？ ·······25

47. 震前地下水有哪些异常变化？ ··········26

48. 地下水异常一定与地震有关吗？ ·········26

49. 动物行为异常有哪些表现？ ············26

50. 动物行为异常一定与地震有关吗？ ·······27

51. 什么是地震预警？ ·················27

52. 地震预警与地震预报、地震速报的关系？ ···28

53. 收到地震预警信息应该怎么办？ ·········28

54. 为什么说"建筑大计，抗震第一"？ ······29

55. 地震为什么会造成房屋的破坏？ ·········30

56. 影响震时房屋破坏程度的因素是什么？ ····30

57. 什么样的场地不适合建房？ ············30

58. 怎样建房才有利于抗御地震？ ··········31

59. 如何加固已建房屋？ ················31

60. 如何及时维修老旧房屋？ ·············32

61. 城镇哪些住房环境不安全？ ············32

62. 农村和山区哪些住房环境不安全？ ·······33

63. 每个家庭应从哪些方面做好防震准备？ ····33

64. 怎样摆放室内物品才有利于避震？ ·······33

65. 怎样防止家具物品震时倾倒或坠落？ ………34

66. 为什么卧室的防震措施最重要？ ………34

67. 怎样在室内准备好避震的场所和通道？ ………34

68. 为预防次生灾害应处理好哪些危险品？ ………35

69. 家中应常备哪些震后急需用品？ ………35

70. 睡觉时哪些物品应放在床头边？ ………36

三、震时的自救与互救

71. 为什么灾难来临时自救互救至关重要？ ………38

72. 强烈地震时人们有可能自救求生吗？ ………38

73. 什么是大震的临震宏观现象？ ………38

74. 什么是大震的避震时间？ ………39

75. 什么是室内的避震空间？ ………40

76. 避震时须把握什么原则？ ………40

77. 震中区的人为什么会感到"先颠后晃"？ ………41

78. 怎样粗略判断地震的远近与强弱？ ………41

79. 震时是跑还是躲？ ………42

80. 避震时应怎样保护自己？ ………42

81. 家住楼房怎样避震？ ………43

82. 家住平房怎样避震？ ………43

83. 在工作岗位怎样避震？ ………44

84. 在公共场所怎样避震？ ………44

85. 在户外怎样避震？ ………45

86．在野外怎样避震？ …………………………………46

87．遇到次生灾害怎么办？ ……………………………46

88．被困在室内应如何保护自己？ ……………………47

89．在废墟中如何设法逃生？ …………………………47

90．暂时不能脱险应怎样保护自己？ …………………48

91．震后救人的原则是什么？ …………………………48

92．怎样寻找被埋压人员？ ……………………………49

93．扒挖被埋人员时怎样保证他的安全？ ……………49

94．应给予被救出人员哪些特殊护理？ ………………50

95．如何救治和护送伤员？ ……………………………50

96．震后露宿时应注意什么？ …………………………50

97．搭建防震棚要注意什么？ …………………………51

98．震后哪些食品不能吃？ ……………………………51

99．灾后如何解决饮水问题？ …………………………52

100．灾后为什么要大力杀灭蚊蝇？ ……………………52

一、地震与地震灾害

1. 你了解我们的家园——地球吗？

从太空望去，有一颗美丽的蓝色星球，这就是我们的家园——地球。形象地讲，地球的内部像一个煮熟了的鸡蛋：地壳好比是外面一层薄薄的蛋壳，地幔好比蛋白，地核好比是最里边的蛋黄。

地球从形成的那一刻起，就从来没有停止过运动。世界屋脊喜马拉雅山上的海洋生物化石，地下深处由植物生成的煤海，盘山公路边陡峻山崖上显示的地层弯曲与变形……无不书写着亿万年来大地沧海桑田的变迁。

然而，地壳的运动与变化并非都是缓慢的，有时也会发生突然的、快速的运动；这种运动骤然爆发，常常给我们的星球带来灾难，其中地震对人类的危害最为严重。

2. 什么是地震？

广义地说，地震是地球表层的震动；根据震动性质不同可分为三类：

天然地震　指自然界发生的地震现象；

人工地震　由爆破、核试验等人为因素引起的地面震动；

脉动　由于大气活动、海浪冲击等原因引起的地球表层的经常性微动。

狭义而言，人们平时所说的地震是指能够形成灾害的天然地震。

3. 天然地震有几种类型？

天然地震按成因不同主要有三种类型：

构造地震 由地下深处岩层错动、破裂所造成的地震。这类地震发生的次数最多，约占全球地震的 90% 以上，破坏力也最大。

火山地震 由于火山作用，如岩浆活动等引起的地震。它的影响范围一般较小，发生得也较少，约占全球地震的 7%。

陷落地震 由于地层陷落引起的地震。例如，当地下岩洞或矿山采空区支撑不住顶部的压力时，就会塌陷引起地震。这类地震更少，大约不到全球地震的 3%，引起的破坏也较小。

4. 构造地震是怎样发生的？

通常，我们所说的地震是指构造地震。它是怎样发生的呢？这就要从地球的内部构造说起。地球是一个平均半径约为 6370 千米的多层球体，最外层的地壳相当薄，平均厚度约为 33 千米，它与地幔（厚约 2900 千米）的最上层共同形成了厚约 60~120 千米的岩石圈。

在板块运动作用下，当岩石圈某处岩层发生突然破裂、错动时，便把长期积累起来的能量在瞬间急剧释放出来，巨大的能量以地震波的形式由该处向四面八方传播出去，直到地球表面，引起地表的震动，我们称为构造地震。

5. 什么是断层，它与地震有关吗？

断层或断裂是地下岩层沿一个破裂面或破裂带两侧发生相对位错的现象。地震往往是由断层活动引起的，是断层活动的一种表现，所以地震带与断层带的关系十分密切。

断层一般在中上地壳最为明显，有的直接出露地表，有的则隐伏在地下；它们的规模也各不相同。

岩石发生相对位移的破裂面称为断层面；根据断层面两盘运动方式的不同，大致可分为正断层（上盘相对下滑）、逆断层（上盘相对上冲）、走滑断层（两盘沿断层走向相对水平错动）三种类型。

与地震发生关系最为密切的，是在现代构造环境下距今 10 万年以来曾有过活动的那些断层，即活断层。

6. 全球每年发生多少地震？

地球上每年约发生 500 多万次地震，也就是说，每天要发生上万次地震。不过，它们之中绝大多数太小或离我们太远，人们感觉不到。真正能对人类造成严重危害的地震，全世界每年大约有一二十次；能造成唐山、汶川这样特别严重灾害的地震，每年大约有一两次。

人们感觉不到的地震，须用地震仪才能记录下来；不同类型的地震仪能记录不同强度、不同远近的地震。目前世界上运转着数以千计的各种地震仪器，日夜监测着地震的动向。

7. 什么是地震波，它有哪些类型？

地震发生时，地下岩层断裂错位释放出巨大的能量，激发出一种向四周传播的弹性波，这就是地震波。

地震波主要分为体波和面波。体波可以在三维空间中向任何方向传播，又可分为纵波和横波。

纵波 振动方向与波的传播方向一致的波，传播速度较快，每秒 5 ～ 6 千米，到达地面时人感觉颠动，物体上下跳动。

横波 振动方向与波的传播方向垂直，传播速度比纵波慢，每秒 3 ～ 4 千米，到达地面时人感觉摇晃，物体会水平晃动，横向剪切力是造成地面建筑物破坏的主要原因。

面波 当体波到达岩层界面或地表时，会产生沿界面或地表传播的幅度很大的波，称为面波。面波的传播速度小于横波，所以跟在横波的后面。此波在体波破坏的基础上，又加重了地面建筑物的破坏。

8. 什么是震源？什么是震中，它是怎样确定的？

地球内部直接产生破裂的地方称为震源，它是一个区域，但研究地震时常把它看成一个点。地面上正对着震源的那一点称为震中，它实际上也是一个区域。

根据地震仪记录测定的震中称为微观震中，用经纬度表示；根据地震宏观调查所确定的震中称为宏观震中，它是极震区（震中附近破坏最严重的地区）的几何中心，也用经纬度表示。由

于方法不同，宏观震中与微观震中往往并不重合。1900 年以前没有仪器记录时，地震的震中位置都是按破坏范围而确定的宏观震中。

9. 什么是震中距，如何划分地震的远近？

震中距是从震中到地面上任何一点的距离。同一个地震在不同的距离上观察，远近不同，叫法也不一样。对于观察点而言，震中距大于 1000 千米的地震称为远震，震中距在 100 ～ 1000 千米的称为近震，震中距在 100 千米以内的称为地方震。例如，汶川地震对于 300 多千米处的重庆而言为近震；而对千里之外的北京而言，则为远震。

10. 什么是震源深度？

震源深度是从震源到地面的距离。震源深度在 60 千米以内的地震为浅源地震，震源深度超过 300 千米的地震为深源地震，震源深度为 60 ～ 300 千米的地震为中源地震。同样强度的地震，震源越浅，所造成的影响或破坏越重。我国绝大多数地震为浅源地震。

11. 什么是震级，它是怎样测定的?

震级是衡量地震本身大小的"尺子"，它与震源释放出来的弹性波能量有关。震级越高，表明震源释放的能量越大；震级相差一级，能量相差 30 多倍。

震级通常是通过地面多个地震仪记录到的地面各类波的震动幅度来测定并计算的。地震过后一段时间对震级进行修订是常有的事。

12. 地震按震级大小可分为几类?

地震按震级大小的划分大致如下：

弱震 震级小于 3 级。如果震源不是很浅，这种地震人们一般不易觉察。

有感地震 震级大于或等于 3 级、小于或等于 4.5 级。这种地震人们能够感觉到，但一般不会造成破坏。

中强震 震级大于 4.5 级、小于 6 级，属于可造成损坏或破坏的地震，但破坏轻重还与震源深度、震中距等多种因素有关。

强震 震级大于或等于 6 级，是能造成严重破坏的地震。其中震级大于或等于 8 级的又称为特大地震。

13. 什么是地震烈度,它与震级有什么不同?

地震烈度是衡量地震影响和破坏程度的一把"尺子",简称烈度。烈度与震级不同。震级反映地震本身的大小,只与地震释放的能量多少有关;而烈度则反映的是地震的后果,一次地震后不同地点烈度不同。打个比方,震级好比一盏灯泡的瓦数,烈度好比某一点受光亮照射的程度,它不仅与灯泡的功率有关,而且与距离的远近有关。因此,一次地震只有一个震级,而烈度则各地不同。

一般而言,震中地区烈度最高,随着震中距加大,烈度逐渐减小。例如,1976 年唐山地震,震级为 7.8 级,震中烈度为 XI 度;受唐山地震影响,天津市区烈度为 VIII,北京市多数地区烈度为 VI 度,再远到石家庄、太原等地烈度就更低了。

14. 地震烈度是怎样评定的?

地震烈度是以人的感觉、器物反应、房屋等结构和地表破坏程度等进行综合评定的,反映的是一定地域范围内(如自然村或城镇部分区域)地震破坏程度的平均水平,须由科技人员通过现场调查予以评定。

一次地震后,一个地区的地震烈度会受到震级、震中距、震源深度、地质构造、场地条件等多种因素的影响。

用于说明地震烈度的等级划分、评定方法与评定标志的技术标准是地震烈度表,各国所采用的烈度表不尽相同。

15. 我国评定地震烈度的技术标准是什么？

我国评定地震烈度的技术标准是《中国地震烈度表》，它将烈度划分为 12 度，其评定依据之一是：Ⅰ～Ⅴ度以地面上人的感觉为主；Ⅵ～Ⅹ度以房屋震害为主，人的感觉仅供参考；Ⅺ、Ⅻ度以房屋破坏和地表破坏现象为主。

按这个烈度表的评定标准，一般而言，烈度为Ⅲ～Ⅴ度时人们有感，Ⅵ度以上有破坏，Ⅸ～Ⅹ度破坏严重，Ⅺ度以上为毁灭性破坏。

16. 什么是烈度分布图？什么是烈度异常区？

烈度分布图又叫做等震线图。震后调查结束后，将各烈度评定点的结果标示在适当比例尺的地图上，然后由高到低把烈度相同点的外包线（即等震线）勾画出来，便构成地震烈度分布图。

震中区的烈度称为震中烈度，唐山、汶川地震的震中烈度都达到Ⅺ度。一般而言，震中地区烈度最高，随着震中距加大，烈度逐渐减小。但是也存在局部地区的烈度高于或低于周边烈度的现象，如果这种烈度异常点连片出现，则可划分出一个局部的烈度异常区。

造成烈度异常的原因往往是场地条件：软弱场地易加重震害，形成高烈度异常区；坚硬场地则可减小震害，形成低烈度异常区。这就是地震破坏程度并非随震中距的加大而一致减小的原因。

17. 震源深度对震中烈度有影响吗？

震源深度对地震的破坏程度影响很大。同样大小的地震，震源越浅，造成的破坏越重。据统计，当震源深度从 20 千米减小到 10 千米，或从 10 千米减小到 5 千米时，震中烈度均可提高 1 度。这常常是有些地震震级并不太高，但破坏较严重的原因之一。

18. 什么是地震带，世界上有几个主要地震带？

地震带是地震集中分布的地带，在地震带内地震密集，在地震带外，地震分布零散。世界上主要有三大地震带：

环太平洋地震带 分布在太平洋周围，包括南北美洲太平洋沿岸和从阿留申群岛、堪察加半岛、日本列岛南下至我国台湾省，再经菲律宾群岛转向东南，直到新西兰。这里是全球分布最广、地震最多的地震带，所释放的能量约占全球的四分之三。

欧亚地震带 从地中海向东，一支经中亚至喜马拉雅山，然后向南经我国横断山脉，过缅甸，呈弧形转向东，至印度尼西亚。另一支从中亚向东北延伸，至堪察加，分布比较零散。

海岭地震带 分布在太平洋、大西洋、印度洋中的海岭地区（海底山脉）。

19. 什么是板块构造，它与地震活动有关吗？

地球最上层包括地壳在内的约 60 ～ 120 千米范围的岩石圈并不完整，像是打碎了仍然连在一起的鸡蛋壳，这些大小不等、拼接在一起的岩石层称为板块，它们各自在上地幔内的软流层上"漂浮"、运移，有的板块会俯冲到地幔内数百千米深的地方。

地球上最大的板块有六块，分别是太平洋板块、欧亚板块、美洲板块、非洲板块、印度洋板块和南极洲板块。另外还有一些较小的板块，如菲律宾板块等。

把世界地震分布与全球板块分布相比较，可以明显看出两者非常吻合。据统计，全球有 85% 的地震发生在板块边界上，仅有 15% 的地震与板块边界的关系不那么明显。这就说明，板块运动过程中的相互作用，是引起地震的重要原因。

20. 什么是板缘地震？什么是板内地震？

发生在板块边界上的地震叫板缘地震，环太平洋地震带上绝大多数地震属于此类；发生在板块内部的地震叫板内地震，如欧亚大陆内部（包括我国）的地震多属此类。板内地震除与板块运动有关，还要受大陆内部局部地质环境的影响，其发震的原因与规律比板缘地震更复杂。

21. 我国为什么是多地震的国家?

我国地处欧亚大陆东南部,位于环太平洋地震带和欧亚地震带之间,有些地区本身就是这两个地震带的组成部分。受太平洋板块、印度洋板块的挤压作用,我国地质构造复杂,地震断裂带十分发育,地震活动的范围广、强度大、频率高。在全球大陆地区的大地震中,约有四分之一至三分之一发生在我国。自 1900 年至 20 世纪末,我国已发生 4¾ 级以上地震 3800 余次;其中,6 ~ 6.9 级地震 460 余次,7 ~ 7.9 级地震 99 次,8 级以上地震 9 次。

22. 我国地震主要分布在哪些地方?

我国的地震活动主要分布在 5 个地区的 23 条地震带上,这 5 个地区是:

——台湾省及其附近海域;

——西南地区,包括西藏、四川中西部和云南中西部;

——西部地区,主要在甘肃河西走廊、青海、宁夏以及新疆天山南北麓;

——华北地区,主要在太行山两侧、汾渭河谷、阴山—燕山一带、山东中部和渤海湾;

——东南沿海地区,广东、福建等地。

23. 什么是"南北地震带"?

从我国的宁夏,经甘肃东部、四川中西部直至云南,有一条纵贯中国大陆、大致呈南北走向的地震密集带,历史上曾多次发生强烈地震,被称为中国南北地震带。2008 年 5 月 12 日汶川 8.0 级地震就发生在该带中南段。该带向北可延伸至蒙古境内,向南可到缅甸。

24. 什么是地震活动的周期性?

通过对历史地震和现今地震大量资料的统计,发现地震活动在时间上的分布是不均匀的:一段时间发生地震较多,震级较大,称为地震活跃期;另一段时间发生地震较少,震级较少,称为地震活动平静期。地震活动的周期性,每个活跃期可能发生多次 7 级以上地震,甚至 8 级左右的特大地震。地震活动周期可分为几百年的长周期和几十年的短周期;不同地震带活动周期也不尽相同。

25. 什么是地震序列?

一次中强以上地震前后,在震源区及其附近,往往有一系列地震相继发生;这些成因上有联系的地震就构成了一个地震序列。

根据地震序列的能量分布、主震能量占全序列能量的比例、主震震级和最大余震的震级差等,可将地震序列划分为主震 –

余震型、震群型、孤立型三类；根据有无前震，又可把地震序列分为主震 – 余震型、前震 – 主震 – 余震型、震群型三类。

由于强震发生后，往往还会有较大余震，甚至更大地震发生，所以震后还须防备强余震的袭击。

26. 什么是主震 – 余震型地震？

主震 – 余震型地震的特点是：主震非常突出，余震十分丰富；最大地震所释放的能量占全序列的 90% 以上；主震震级和最大余震相差 0.7 ～ 2.4 级。

有时，主震发生前先有一些前震出现，这种主震 – 余震型地震也叫前震 – 主震 – 余震型地震。例如 1975 年 2 月 4 日辽宁海城 7.3 级地震前，自 2 月 1 日起即突然出现小震活动，且其频度和强度都不断升高，于 2 月 4 日上午出现两次有感地震；主震于当日 18 时 36 分发生。

27. 什么是震群型地震？

有两个以上大小相近的主震，余震十分丰富；主要能量通过多次震级相近的地震释放，最大地震所释放的能量占全序列的 90% 以下；主震震级和最大余震相差 0.7 级以下。如 1966 年河北邢台地震即属此类，在 3 月 8 日 ～ 22 日的 15 天内，先后发生 6 级以上地震 5 次，震级分别为 7.2、6.8、6.7、6.2、6.0 级。

28. 什么是孤立型地震？

有突出的主震，余震次数少、强度低；主震所释放的能量占全序列的 99.9% 以上；主震震级和最大余震相差 2.4 级以上。例如，1983 年 11 月 7 日山东菏泽 5.9 级地震即属于此类，它的最大余震只有 3 级左右。

29. 我国地震灾害为什么严重？

地震是一种自然现象，地震灾害本质上是土木建筑工程灾害。地震越强，人口越密，抵御能力越低，灾害越重。

我国恰恰在以下三方面都十分不利。首先，我国地震频繁，强度大，而且绝大多数是发生在大陆地区的浅源地震，震源深度大多只有十几至几十千米。其次，我国许多人口稠密地区，如台湾、福建、四川、云南等，都处于地震的多发地区，约有一半城市处于地震多发区或强震波及区，地震造成的人员伤亡十分惨重。第三，我国经济不够发达，广大农村和相当一部分城镇的建筑物抗震安全等级不高，抗震性能差，抗御地震的能力低。

所以，我国地震灾害十分严重。20 世纪内，我国已有 50 多万人死于地震，约占同期全世界地震死亡人数的一半。

30. 什么是地震的直接灾害？

地震直接灾害是指由地震的原生现象，如地震断层错动，大范围地面倾斜、升降和变形，以及地震波引起的地面震动等所造成的直接后果。包括：
——建筑物和构筑物的破坏或倒塌；
——地面破坏，如地裂缝、地基沉陷、喷水冒砂等；
——山体等自然物的破坏，如山崩、滑坡、泥石流等；
——水体的振荡，如海啸、湖震等。
以上破坏是造成人员伤亡、社会经济损失等灾害后果最直接、最重要的原因。

31. 什么是地震的次生灾害？

地震灾害打破了自然界原有的平衡状态或社会正常秩序从而导致的灾害，称为地震次生灾害。如地震引起的火灾、水灾，有毒容器破坏后毒气、毒液或放射性物质等泄漏造成的灾害等。
地震后还会引发种种社会性灾害，如瘟疫与饥荒。社会经济技术的发展还带来新的衍生灾害，如通信事故、计算机事故等。这些灾害是否发生或灾害大小，往往与社会条件有着更为密切的关系。

32. 地震火灾是怎样引起的?

地震火灾多是因房屋倒塌后火源失控引起的。由于震后消防系统受损，社会秩序混乱，火势不易得到有效控制，因而往往酿成大灾。例如，1923 年 9 月 1 日的日本关东地震发生在中午人们做饭之时，加之城内民居多为木质结构，震后立即引燃大火；而震裂的煤气管道和油库开裂溢出大量燃油，更助长了火势蔓延；由于消防设施瘫痪，大火竟燃烧了数天之久，烧毁房屋 44 万多座，造成 10 多万人死于地震火灾。

33. 地震水灾是怎样造成的?

地震引起水库、江湖决堤，或是由于山体崩塌堵塞河道造成水体溢出等，都可能造成地震水灾。例如，1786 年 6 月 1 日，我国四川省康定南发生 7½ 级地震，大渡河沿岸出现大规模山崩，引起河流壅塞，形成堰塞湖；断流 10 日后，河道溃决，高数十丈的洪水汹涌而飞，造成严重水患。此次地震和洪水共造成 10 余万人死亡。

34. 震后疫病为什么容易流行?

强烈地震发生后，灾区水源、供水系统等遭到破坏或受到污染，灾区生活环境严重恶化，故极易造成疫病流行。社会条件的优劣与灾后疫病是否流行，关系极为密切。例如，1556 年 1 月 23 日中国陕西省华县发生 8 级地震，史载，死亡人数"奏

报有名者"达 83 万之众；实则直接死于地震的只有十数万人，其余 70 余万人均死于瘟疫和饥荒。而在社会主义的新中国，震后瘟疫已得到有效的控制。例如，1976 年唐山 7.8 级地震发生时正值炎热的夏季，但却创造了"大灾之后无大疫"的人间奇迹，次年春季流行传染病发病率比常年还低。

35. 地震海啸是怎样形成的，它对我国有危害吗？

海啸是一种具有强大破坏力的海浪，除了地震以外，海底火山爆发或海底塌陷、滑坡等也能引起海啸。

由深海地震引起的海啸称为地震海啸。地震时海底地层发生断裂，部分地层出现快速上升或下沉，造成从海底到海面的整个水层发生剧烈"扰动"，这就是地震海啸。海啸形成后，大约以每小时数百千米的速度向四周海域传播，一旦进入大陆架，由于海水深度急剧变浅，使波浪高度骤然增加，有时可达二三十米，从而会对沿海地区造成严重灾难。

从历史记录和科学分析来看，远洋海啸对我国大陆沿海影响较小。但我国台湾沿海，尤其是台湾东部沿海，地震海啸的威胁不容忽视，尤其是由近海地震引起的局部海啸，应给予高度关注。

二、地震灾害是可以预防的

36. 你知道《中华人民共和国防震减灾法》吗？

我国政府非常重视防震减灾工作，1997 年 12 月 29 日公布了由中华人民共和国第八届全国人民代表大会常务委员会通过的《中华人民共和国防震减灾法》，已于 1998 年 3 月 1 日起施行。2008 年 12 月 27 日第十一届全国人民代表大会常务委员会会议修订，2009 年 5 月 1 日起施行。这是我国关于防震减灾工作的第一部法律，它是我国几十年来防震减灾工作经验的高度概括和各种有效的规章制度的法律化。它的制定、公布、施行，为在社会主义市场经济体制条件下进行防震减灾工作提供了法律保障，标志着我国防震减灾工作进入了法制化的新阶段。

37. 什么是地震预报？

地震预报是针对破坏性地震而言的，是在破坏性地震发生前作出预报，使人们可以防备。

地震预报三要素　地震预报要指出地震发生的时间、地点、震级，这就是地震预报的三要素。完整的地震预报这三个要素缺一不可。

地震预报按时间尺度可作如下划分：

长期预报　是指对未来 10 年内可能发生破坏性地震的地域的预报。

中期预报　是指对未来一二年内可能发生破坏性地震的地域和强度的预报。

短期预报　是指对 3 个月内将要发生地震的时间、地点、震级的预报。

临震预报　是指对 10 日内将要发生地震的时间、地点、震级的预报。

38. 地震能预报吗？

地震预报是世界公认的科学难题，在国内外都处于探索阶段，大约从 20 世纪五六十年代才开始进行研究。我国地震预报的全面研究起步于 1966 年河北邢台地震，经过 50 多年的努力，取得了一定进展，曾经不同程度地预报过一些破坏性地震。

但是实践表明，目前所观测到的各种可能与地震有关的现象，都呈现出极大的不确定性；所作出的预报，特别是短临预报，主要是经验性的。

当前我国地震预报的水平和现状是：

——对地震前兆现象有所了解，但远远没有达到规律性的认识；

——在一定条件下能够对某些类型的地震，作出一定程度的预报；

——对中长期预报有一定的认识，但短临预报成功率还很低。

39. 你知道地震预报应当由谁发布吗？

面向社会发布地震预报是一件十分严肃的事情。

为了加强对地震预报的管理，规范发布地震预报的行为，1998 年 12 月 27 日，国务院颁发了《地震预报管理条例》，规定"国家对地震预报实行统一发布制度。"具体规定主要是：

全国性的地震长期预报和地震中期预报，由国务院发布。

省、自治区、直辖市行政区域内的地震长期预报、地震中期预报、地震短期预报和临震预报，由省、自治区、直辖市人民政府发布。

已经发布地震短期预报的地区，如果发现明显临震异常，在紧急情况下，当地市、县人民政府可以发布48小时之内的临震预报，并同时向省、自治区、直辖市人民政府及其负责管理地震工作的机构和国务院地震工作主管部门报告。

北京市的地震短期预报和临震预报，由国务院地震工作主管部门和北京市人民政府负责地震工作的机构，组织召开地震震情会商会，提出地震预报意见，经国务院地震工作主管部门组织评审后，报国务院批准，由北京市人民政府发布。

40. 什么是地震谣传？

有时，会有一些关于地震的"消息"在社会上流传，它们并非是政府公开发布的地震预报意见，而是地震谣传。

强烈地震灾害造成人们对地震的恐惧，加之对地震知识和相关法规不够了解，人们便容易偏听偏信一些无根据的、所谓的"地震消息"，这是地震谣传得以存在的土壤。产生地震谣传的具体原因有：

——把一些自然现象，如由于气候返暖果树二次开花，春季大地复苏解冻而引起的翻砂、冒水等现象，误认为是地震异常。

——地震部门正常的业务活动，如野外观测、地震考察、对某种前兆异常的落实、地震会商、抗震会议、防震减灾宣传等，引起的猜疑。

——来自海外蛊惑人心的宣传，或别有用心的造谣。

——受封建迷信思想的蒙蔽而上当受骗。

41. 怎样识别地震谣传？

以下几种情况可以判定是地震谣传：

——超过目前预报的实际水平，三要素十分"精确"的所谓地震预报意见。如传闻中地震发生的时间、地点非常具体，甚至发震时间精确到"上午""晚上"。

——跨国地震预报。如果传说地震是由外国人预报的，那肯定是谣传，因为这既不符合我国关于发布地震预报的规定，也不符合国际间的惯例。

——对地震后果过分渲染的传言。有时，特别是强震发生后常会出现"某个地方将要下陷""某个地方要遭水淹"等传言，这种耸人听闻的消息也是不可信的。

42. 听到地震谣传怎么办？

——不相信。尽管地震预测尚未过关，但是有地震部门在进行监测研究，有政府部门在组织和部署有关防震减灾工作，因此不要相信毫无科学依据的地震谣传。

——不传播。应当相信，只要政府知道破坏性地震将要发生，是绝对不会向人民群众隐瞒的。因此如果听到地震谣传，千万不要继续传播。

——及时报告。当听到地震传闻时，要及时向当地政府和

地震部门反映，协助地震部门平息谣传。

——如果发现动物、植物或地下水异常时，要及时向地震部门报告，不要随意散布，地震部门会及时进行调查核实。

43. 什么是地震前兆？

地震前自然界出现的可能与地震孕育、发生有关的各种征兆称作地震前兆。大体有两类：

微观前兆 人的感官不易觉察，须用仪器才能测量到的震前变化。例如，地面的变形，地球的磁场、重力场的变化，地下水化学成分的变化，小地震的活动等。

宏观前兆 人的感官能觉察到的地震前兆。它们大多在临近地震发生时出现。如井水的升降、变浑，动物行为反常等。

观测微观前兆是科学家的工作；而发现宏观前兆，则既要靠地震工作者，也要靠广大群众。由于宏观前兆往往在临近地震发生时出现，因此，了解它的特点，学会识别它们，对防震减灾有重要作用。

44. 地震微观前兆是怎样观测的？

观测小地震的活动要使用地震仪；观测其他地震微观前兆则须使用地球物理观测仪器，其种类很多。如观测和记录地壳形变的仪器有倾斜仪、自记水管仪、伸缩仪、水准仪、激光测距仪等。观测和记录地磁场变化的有磁变仪、核旋仪、地磁经纬仪等。观测地电、地应力、重力、水氡、水位、水质成分及其他微观前兆现象，也都有相应的仪器。

45. 你知道《地震监测设施和地震观测环境保护条例》吗？

这个条例是在 1994 年 1 月 10 日由国务院颁布的，其目的是为了保证各类地震观测仪器正常工作，以取得可靠的数据，每个公民都应当自觉贯彻这个条例。

条例中明确规定的地震监测设施的保护范围是：

——地震台内的监测仪器设备、设施；

——地震台外的观测用山洞、仪器房、观测井（水点）、井房、观测线路、通信设施、供电设施、供水设施、专用填坝、专用道路、避雷装置及其附属设施；

——地震遥测台网接收中心的观测设备、中继站、遥测点用房等；地震专用测量标志、测量场地等。

46. 震前地下水为什么会有异常变化？

地震前地下岩层受力变形时，埋藏在含水岩层里的地下水的状况也会跟着改变。有时，含水层像饱含水的海绵一样，在受力时把水挤出来；有时，隔水层破裂，使原来分层流动的水掺合在一起；等等。这些变化都有可能通过井水、泉水等反映出来，这时，井或泉就成为人们观察地震前兆的"窗口"。

47. 震前地下水有哪些异常变化？

——水位、水量的反常变化。如天旱时节井水水位上升，泉水水量增加；丰水季节水位反而下降或泉水断流。有时还出现井水自流、自喷等现象。

——水质的变化。如井水、泉水等变色、变味（如变苦、变甜）、变浑、有异味等。

——水温的变化。水温超过正常变化范围。

——其他。如翻花冒泡、喷气发响、井壁变形等。

48. 地下水异常一定与地震有关吗？

不一定。由于地下水很容易受到环境的影响，所以它的异常变化并非一定与地震有关。影响地下水变化的因素有：气象因素，如干旱、降雨、气压变化等；地质因素，如非震的地质原因，改变了地下含水层的状态；人为因素，如用水量变化、地下工程活动、环境污染等。因此，发现异常后，要及时反映给地震部门去查明原因，做出判断。

49. 动物行为异常有哪些表现？

多次震例表明，动物是观察地震前兆的"活仪器"，它们往往在震前出现各种反常行为，向人们预示灾难的临近。目前已发现上百种动物震前有一定反常表现，其中异常反应比较普遍的有20多种，最常见的动物异常现象有：

——**惊恐反应** 如大牲畜不进圈，狗狂吠，鸟或昆虫惊飞、非正常群迁等。

——**抑制型异常**　如行为变得迟缓，或发呆发痴，不知所措；或不肯进食等。

——**生活习性变化**　如冬眠的蛇出洞，老鼠白天活动不怕人，大批青蛙上岸活动等。

50. 动物行为异常一定与地震有关吗？

不一定。因为引起动物反常现象的因素很多，例如天气变化、环境污染、饲养不当以及动物自身不适，如生病、怀孕等。所以，动物有反常表现不一定就是地震前兆。另外，有时（特别是强震发生以后），人们情绪过分紧张，也可能在观察动物行为时出现错觉。因此，发现异常后不要惊慌，应及时反映给地震部门。

51. 什么是地震预警？

地震预警是指在地震发生后，利用震中附近地震台站监测到的地震信号，快速估算地震参数和影响程度，然后向离开震中一定距离、破坏性地震波还没有到达的地方发布警报，以便那里的人们和工程业主采取紧急处置措施，进而达到减轻地震灾害的目的。

地震预警有两个作用：一是告诉你附近地区发生破坏性地震了；二是告诉你破坏性地震波（横波和面波）多长时间后会到来、强度有多大。

目前地震预警大体有三大局限：一是震中附近地区是地震预警盲区；二是地震预警时间很短，减灾效果有限；三是地震预警技术复杂，存在误报或漏报可能。

预警信息主要通过预警系统专用的接收终端和接收软件发布。除此之外，还用广播电视、手机APP、微博、微信、短信、QQ、网站等手段发布。

52. 地震预警与地震预报、地震速报的关系？

地震预警与地震预报不是一回事，与现有的地震速报既有相关性也有区别。地震预报是在地震还没有发生时，对未来可能发生地震的时间、地点和强度进行预测；地震预警是在地震发生过程中，根据少量地震台站观测到的地震波初期信息对地震的地点、强度和影响程度进行估测；地震速报是在地震结束后或者地震台站观测到的数据足以可靠地确定地震参数时，根据台站观测到的地震波信息，快速确定已发生地震的时间、地点和强度。

53. 收到地震预警信息应该怎么办？

接收到地震预警信息后，一般会有几秒到几十秒的处置时间。重大工程应采取哪些紧急处置措施，是自动处置还是人工处置呢？公众应该如何应对，是逃生还是躲避呢？不同类型终端用户需要依据自身的特性差异而采取不同的避险及处置措施。

自动响应用户。这个类型用户接收到地震预警信息的处置措施就是直接停止当前的操作。最常见的地震预警自动响应实例是列车减速或停车，避免火车脱轨而导致人员伤亡。另一个实例是电梯，电梯在收到地震预警信息时自动停在就近的楼层（或底层）并打开电梯门，防止乘客被困。

态势感知用户。核电站是一个明显的例子。当核电站收到地震预警信息后，技术上可以立即实施自动停堆措施。但如果实际的地震动强度没有那么大、或者这是一次误报，核电站停堆所造成的经济损失和后续影响是十分巨大的。

公众用户。公众用户是地震预警信息最重要的用户类别。公众用户接到地震预警信息后，应根据预警时间采取一些有效的地震避险方法，如采取"震时就近躲避，震后迅速疏散""能跑则跑，不能跑则躲"的方法，但决不能"跳楼"或"盲目外逃"。大地震发生时，情况很复杂，究竟采取哪种方法，还是要根据各自的实际情况，保持冷静，因地制宜，迅速做出抉择。

54. 为什么说"建筑大计，抗震第一"？

据统计，世界上 130 次巨大的地震灾害中，90% ～ 95% 的伤亡是由于建筑物倒塌造成的。工程结构主体破坏通常是人员伤亡的主要原因，非结构破坏导致的人员受伤约占一半。因此，居民住房、单位办公楼、学校校舍、工厂厂房，乃至水、电、气、通信等生命线工程，能否抗御大地震的袭击，是能否把震灾损失降到最低的关键所在，所以说，"建筑大计，抗震第一"。

55. 地震为什么会造成房屋的破坏?

地震时造成房屋破坏的"元凶"是地震力。什么是地震力?简单地说,这是一种惯性力,行驶的汽车紧急刹车时,车上的人会向前倾倒,就是惯性力的作用。地震时地震波引起地面震动产生的地震力作用于建筑物,如果房屋经受不住地震力的作用,轻者损坏,重者就会倒塌;震级越大,房屋所受到的地震力越大,破坏就越严重。

56. 影响震时房屋破坏程度的因素是什么?

首先与地震本身有关,地震越大,震中距越小,震源深度越浅,破坏越重。其次是房屋本身的质量,包括其结构是否合理,施工质量是否到位等。第三是建筑物所在地的场地条件,包括场地土质的坚硬程度、覆盖层的深度等。最后,局部地形对震害的影响也很大。

57. 什么样的场地不适合建房?

选择建筑场地,须考虑房屋所在地段地下比较深的土层组成情况、地基土壤的软硬、地形和地下水的深浅等。以下场地是不利于抗震的:

——活动断层及其附近地区;

——饱含水的松砂层、软弱的淤泥层、松软的人工填土层;

——古河道、旧池塘和河滩地;

——容易产生开裂、沉陷、滑移的陡坡、河坎；

——细长突出的山嘴、高耸的山包或三面临水田的台地等。

58. 怎样建房才有利于抗御地震？

——房屋平面布置要力求与主轴对称，并尽可能简单。

——房屋重心要低，屋顶用轻质材料，尽量不做或少做那些既笨重又不稳定的装饰性附属物，如女儿墙、高门脸等。

——房屋的高度和平面尺寸要有所限制，房屋之间应适当留建防震缝。

——结构要力求匀称，构件要联成整体，要采取措施加强连接点的强度和韧性。

——墙体在交接处要咬合砌筑，承重墙上最好设置圈梁，并在横墙上拉通。横墙应密些，尽量少开洞，屋顶与墙体应连成整体。

——建筑材料要力求比重轻、强度大，并富有韧性。

——提高施工质量，认真按操作规程办事，土坯砖块要错缝咬砌，灰浆要饱满。

59. 如何加固已建房屋？

常用的一些简单加固方法有：墙体的加固。墙体有两种，一种是承重墙，另一种是非承重墙。加固的方法有拆砖补缝、钢筋拉固、附墙加固等。

楼房和房屋顶盖的加固。一般采用水泥砂浆重新填实、配

筋加厚的方法。

建筑物突出部位的加固。如对烟囱、女儿墙、出屋顶的水箱间、楼梯间等部位，采取适当措施设置竖向拉条，拆除不必要的附属物。

60. 如何及时维修老旧房屋？

为了抵御地震的突然袭击，对老旧房屋要注意经常维修保养。墙体如有裂缝或歪闪，要及时修理；易风化酥碱的土墙，要定期抹面；屋顶漏水应迅速修补；大雨过后要马上排除房屋周围积水，以免长期浸泡墙基。木梁和柱等要预防腐朽、虫蛀，如有损坏及时检修。

61. 城镇哪些住房环境不安全？

——处于高大建（构）筑物或其他尚悬物下：高楼、高烟囱、水塔、高大广告牌等，震时容易倒塌威胁房屋安全；

——高压线、变压器等危险物下：震时电器短路等容易起火，常危及住房和人身安全；

——危险品生产地或仓库附近：如果震时工厂受损引起毒气泄露、燃气爆炸等事故，会危及住房。

62. 农村和山区哪些住房环境不安全？

——陡峭的山崖下，不稳定的山坡上：地震时易形成山崩、滑坡等可危及住房；

——不安全的冲沟口（如平时易发生泥石流的地方）；

——堤岸不稳定的河边或湖边：地震时岸坡崩塌可危及住房。

如果住房环境不利于抗震，就应当更加重视住房加固；必要时，应撤离或搬迁。

63. 每个家庭应从哪些方面做好防震准备？

树立"宁可千日不震，不可一日不防"的震情观念，每个家庭要根据自家的实际情况制定防震避震预案，为震时自救和互救创造条件。例如，对自家住房的抗震能力，周围的环境，室内水、电、煤气等设施的状况，各类物品的存放条件，疏散通道是否畅通等，都要做到心中有数，还应准备自救必备的物品。

64. 怎样摆放室内物品才有利于避震？

地震时，室内家具、物品的倾倒、坠落等，常常是致人伤亡的重要原因，因此家具物品的摆放要合理：

——防止掉落或倾倒伤人、伤物，堵塞通道；

——有利于形成三角空间以便震时藏身避险；

——保持对外通道的畅通，便于震时从室内撤离；

——处置好易燃、易爆物品，防止火灾等次生灾害的发生。

65. 怎样防止家具物品震时倾倒或坠落？

——把悬挂的物品拿下来或设法固定住；

——高大家具要固定，顶上不要放重物；

——组合家具要连接，固定在墙上或地上；

——橱柜内重的东西放下边，轻的东西放上边；

——储放易碎品的橱柜最好加门、加插销；

——尽量不使用带轮子的家具，以防震时滑移。

66. 为什么卧室的防震措施最重要？

地震可能发生在你睡觉的时候，睡觉时你对地震的警觉力最差，从卧室撤往室外的路线较长，因此，按防震要求布置卧室至关重要。

——床的位置要避开外墙、窗口、房梁，摆放在坚固、承重的内墙边；

——床上方不要悬挂吊灯、镜框等重物；

——床要牢固，最好不使用带有轮子的床；

——床下不要堆放杂物；

——可能时给床安一个抗震架。

67. 怎样在室内准备好避震的场所和通道？

● 应准备的避震场所

——将坚固的写字台、床或低矮的家具下腾空；

——把结实家具旁边的内墙角空出来；

——有条件的可按防震要求布置一间抗震房。

● 保持室内外通道的畅通

——室内家具不要摆放太满；

——房门口、内外走廊上不要堆放杂物。

68. 为预防次生灾害应处理好哪些危险品？

● 仔细放置好家中的危险品

——易燃物，如煤油、汽油、酒精、油漆、稀料等；

——易爆品，如煤气罐、氧气包等；

——易腐蚀的化学制剂，如硫酸、盐酸等；

——有毒物品，如杀虫剂、农药等。

● 把用不着的危险品尽早清理掉

——防撞击，防破碎；

——防翻倒，防泄露；

——防燃烧，防爆炸。

69. 家中应常备哪些震后急需用品？

——生活日用品，如水、食品、衣物、毛毯、塑料布等；

——必要的常用药品，如治疗感冒、肠胃病的药，一般外伤用药等；

——照明用品，如应急灯、手电筒（电池）或自动充电电筒、蜡烛等；

——必要的身份证件等重要物品。

这些东西集中存放在"家庭防震包"或轻巧的小提箱里。

70. 睡觉时哪些物品应放在床头边?

为预防地震的突然袭击，睡觉前，应检查下列物品是否放在容易拿到的地方：

——眼镜，如果你是近视眼，这是你不能离开的；

——手机（别忘充电），这是你与他人联系的重要工具；

——手电筒，黑暗中你必须使用它；

——如有必要，可准备一个自用的防震包，但一定要放重要的东西。

三、震时的自救与互救

71. 为什么灾难来临时自救互救至关重要？

时间就是生命，多次强烈地震的救灾过程表明，灾民的自救互救能最大限度地赢得时间，挽救生命。例如，1976年唐山7.8级地震后，唐山市区（不包括郊区和矿区）的70多万人中，约有80%～90%即60多万人被困在倒塌的房屋内，而通过市区居民和当地驻军的努力，80%以上的被埋压者获救，灾民的自救与互救使数十万人死里逃生，大大降低了伤亡率。

72. 强烈地震时人们有可能自救求生吗？

唐山等地震的事实告诉人们，当强烈地震发生时，在房倒屋塌前的瞬间，仍然蕴含着生的机遇与希望——大震临震宏观现象、避震时间、避震空间的存在，是人们震时能够自救求生的条件。据对唐山地震中974位幸存者的调查，有258人采取了应急避震行为，其中188人获得成功，安全脱险；成功者占采取避震行为者的72.9%。

像唐山地震这么惨烈的灾难，人们都有逃生的希望，对于那些破坏力相对较弱的地震，我们更有理由相信，只要掌握了一定的避震知识，临震不慌，沉着应对，生命就与我们同在。

73. 什么是大震的临震宏观现象？

在大震前短暂的时间内出现的、能够预示强烈震动即将到来的"临震宏观现象"。例如：

——地面的初期震动，一般是感到"颠动"；

——地声，地表断裂形成地震破裂带的过程中伴随着强烈而怪异声音，例如听到的声音"好似刮风"，但树梢和地上的菜叶都不动；

——地光，地表断裂成强烈振动造成的电线短路而引发明亮而恐怖的大光，例如有人形容它"亮如白昼，但树无影"。

据对唐山地震幸存者的调查，极震区倒房户的室内人员，震时清醒或惊醒的 715 人中，发现临震宏观现象的约占 32%；其中（有的人同时感到几种现象）：

——感到了初期震动的，102 人，占 44.0%；

——听见地声的，100 人，占 43.1%；

——看见地光的，39 人，占 16.8%。

74. 什么是大震的避震时间？

从强烈地震发生到房屋破坏时间虽然短暂，但仍可以大致划分出三个不同的阶段：地面颠动（先颠），一般伴有声、光等现象，即临震宏观现象出现；地面大幅度晃动（后晃）；房屋倒塌。也就是说，从地面开始颠动到房屋倒塌，有一定的时间差。这个时间差就叫大震的避震时间。

避震时间的长短与地震大小、距震中的远近、房屋结构等多种因素有关。据唐山地震后的调查测算，以能够对避震时间作出估计的 177 例为依据进行统计，多数被震醒的人提供的时间仅为数秒，而震时清醒者提供的时间可达十几秒。

75. 什么是室内的避震空间?

由于预警时间毕竟短暂,室内避震更具有现实性。而房屋倒塌后室内所形成的三角空间,往往是人们得以幸存的相对安全地点,可称其为避震空间。这主要是指大块倒塌体与支撑物构成的空间。

● 室内易于形成避震空间的地方

——炕沿下,结实牢固的家具附近;

——内墙(特别是承重墙)墙根、墙角;

——厨房、厕所、储藏室等开间小、有管道支撑的地方。

● 室内最不利避震的地方

——附近没有支撑物的床上、炕上;

——周围无支撑物的地板上;

——外墙边、窗户旁。

76. 避震时须把握什么原则?

要因地制宜,不要一定之规 震时,每个人的处境千差万别,避震方式不可能千篇一律。例如,是跑到室外还是在室内避震,就要看客观条件:住平房还是楼房,地震发生在白天还是晚上,房子是不是坚固,室内有没有避震空间,室外是否安全,等等。

要行动果断,不要犹豫不决 避震能否成功,就在千钧一发之间,容不得瞻前顾后,犹豫不决。有的人跑出危房后又转身回去救人,结果自己也被埋压。记住,只有保存自己,才有可能救助别人。

在公共场所要听从指挥，不要擅自行动 擅自行动，盲目避震，只能遭致更大不幸。

77. 震中区的人为什么会感到"先颠后晃"？

地震波引起的地面震动是几种波共同作用的结果，但就人们的感受而言，主要可区分出上下颠动和水平晃动两种形式。

在强烈地震的震中区附近，最初的颠动，是由首先到达的纵波引起的；数秒钟以后横波到达，造成更强烈的地面晃动，因而人们就感到像站在风浪中船的甲板上一样剧烈颠簸、晃动，站立不稳，甚至摔倒在地。这就是震中区人们感到"先颠后晃"的原因。

78. 怎样粗略判断地震的远近与强弱？

地震时震中区的人们感到先颠后晃，随着震中距离的加大，颠与晃的时间差会逐渐加长，颠与晃的强度会逐渐减弱；在一定范围以外，人们就感觉不到颠动，而只是感到晃动了。

因此，如果地震时你感到颠动很轻，或者没有感到颠动，只感到晃动，说明这个地震离你比较远；颠动和晃动都不太强时，说明这个地震不很大。在这两种情况下，你大可不必惊慌失措，只须躲在室内有利于避震的地方暂避即可。此时如果跑出，反倒有可能被一些掉落的碎块砸伤。

79. 震时是跑还是躲？

目前多数专家认为：震时就近躲避，震后迅速撤离到安全的地方，或者能跑则跑，不能跑则躲，是应急避震较好的办法。这是因为，震时时间很短，人又往往无法自主行动，再加之门窗变形等，从室内跑出十分困难；如果是在高楼较高楼层里，跑出来更是不太可能的。

但若在平房里或楼房低层（如一层等），室外比较空旷，则可力争跑出避震。

80. 避震时应怎样保护自己？

● 采取有利于避震的姿势蹲下、掩护、稳住

——趴下，使身体重心降到最低，脸朝下，不要压住口鼻，以利呼吸；

——蹲下或坐下，尽量蜷曲身体；

——抓住身边牢固的物体，以防身体移位，暴露在坚实物体外而受伤。

● 保护身体的重要部位

——保护头颈部：低头，用手护住头部和后颈；有可能时，用身边的物品，如枕头、被褥等顶在头上；

——保护眼睛：低头、闭眼，以防异物伤害；

——保护口、鼻：有可能时，可用湿毛巾捂住口、鼻，以防灰土、毒气。

81. 家住楼房怎样避震?

● 住楼房低层（如一层等）的人员，感觉地面颤动，应尽快跑到室外避震

● 室内较安全的避震地点

——坚固的桌下或床下；

——低矮、坚固的家具边；

——开间小、有支撑物的房间，如卫生间；

——内承重墙墙角；

——震前准备的避震空间。

● 震时要注意

——千万不要滞留在床上；

——千万不能跳楼；

——不要到阳台上去；

——不要到外墙边或窗边去；

——不要到楼梯去；

——不要去乘电梯；如果震时在电梯里，应尽快离开；若门打不开，要防止坠梯"快速把每层楼的按键按下，把脚跟提起，膝盖呈弯曲姿势，整个背部跟头部紧贴电梯内墙，呈一直线；如电梯有手把，一只手紧握手把"。

82. 家住平房怎样避震?

● 有条件时尽快跑到室外避震

如果屋外场地开阔，可尽快跑出室外避震。

● 室内避震较安全的地点

——炕沿下或低矮、坚固的家具边；

——坚固的桌子下（旁）或床下（旁）。

● 震时不可取的行为

——滞留在床（炕）上

——躲在房梁下；

——躲在窗户边；

——破窗而逃（以免被玻璃扎伤或摔伤）。

83. 在工作岗位怎样避震？

——在办公楼低层（如一层等）的人员，感到地面颤动，应尽快跑到室外；

——尽快躲在坚固的办公桌下或桌旁，震后迅速有序撤离；

——正在工作的工人要立即关闭机器，切断电源，迅速躲在安全处；

——火车司机要采取紧急制动措施，稳缓地逐渐刹车；

——特殊工作部门（如电厂、煤气厂、核电站等），应按地震应急预案的规定行动。

84. 在公共场所怎样避震？

——在公共场所的人员应根据自身所处位置和状况，能快速跑到室外则跑，不能则就近躲避；

——在影剧院、体育场馆，观众可趴在座椅旁、舞台脚下，震后在工作人员组织下有秩序地疏散；

——正在上课的学生，迅速在课桌下或旁躲避，震后在教师指挥下迅速撤离教室，就近在开阔地带避震；

——在商场、饭店等处，要选择结实的柜台、商品（如低矮家具等）或柱子边、内墙角等处就地蹲下，避开玻璃门窗、橱窗和柜台；避开高大不稳和摆放重物、易碎品的货架；避开广告牌、吊灯等高耸或悬挂物；

——避震时用双手、书包或其他物品保护头部；

——震后疏散要听从现场工作人员的指挥，不要慌乱拥挤，尽量避开人流；如被挤入人流，要防止摔倒；把双手交叉在胸前保护自己，用肩和背承受外部压力；解开领扣，保持呼吸畅通。

85. 在户外怎样避震？

● 避开高大建筑物或构筑物

——楼房，特别是有玻璃幕墙的建筑；

——过街桥、立交桥；

——高烟囱、水塔等。

● 避开危险物、高耸或悬挂物

——变压器、电线杆、路灯等；

——广告牌、吊车等；

——砖瓦、木料等物的堆放处。

● 避开其他危险场所

——狭窄的街道；

——危旧房屋、危墙；

——女儿墙、高门脸、雨棚；

——危险品（如易燃、易爆品）仓库等。

86. 在野外怎样避震？

● 避开山边的危险环境

——不要在山脚下、陡崖边停留；

——遇到山崩、滑坡，要向垂直于滚石前进的方向跑，切不可顺着滚石方向往山下跑；

——也可躲在结实的障碍物下，或蹲在沟坎下；要特别注意保护好头部。

● 避开水边的危险环境

——河边、湖边、海边，以防河岸坍塌而落水，或上游水库坍塌下游涨水，或出现海啸；

——水坝、堤坝上，以防垮坝或发生洪水；

——桥面或桥下，以防桥梁坍塌时受伤。

87. 遇到次生灾害怎么办？

● 在室内遇到火灾

——趴在地上，用湿毛巾捂住口、鼻；

——地震停止后向安全地方转移，必要时要匍匐前行；

——设法隔断火源。

● 在野外遇到水灾

——如果江河湖海涨水，要向高处跑；

——迅速离开桥面。

● 遇到毒气泄漏

——遇到化工厂等着火，并有毒气泄漏，不要朝顺风的方向跑，要尽量绕到上风方向去；

——用湿毛巾捂住口、鼻；

——不要使用明火。

88. 被困在室内应如何保护自己？

震后余震不断发生，你的环境可能进一步恶化，等待救援要有一定时间，因此，你要尽量保护自己。

——沉住气，树立生存的信心，要相信一定会有人来救你。

——保持呼吸畅通，尽量挪开脸前、胸前的杂物，清除口、鼻附近的灰土。

——设法避开身体上方不结实的倒塌物、悬挂物。

——闻到煤气及有毒异味或灰尘太大时，设法用湿衣物捂住口、鼻。

——搬开身边可移动的杂物，扩大生存空间。

——设法用砖石、木棍等支撑残垣断壁，以防余震时进一步被埋压。

89. 在废墟中如何设法逃生？

——设法与外界联系。仔细听听周围有没有人，听到人声时敲击铁管、墙壁，以发出求救信号。

　　——与外界联系不上时可试着寻找通道。观察四周有没有通道或光亮；分析、判断自己所处的位置，从哪儿有可能脱险；试着排开障碍，开辟通道。

　　——若开辟通道费时过长、费力过大或不安全时，应立即停止，以保存体力。

90. 暂时不能脱险应怎样保护自己？

　　——保存体力。不要大声哭喊，不要勉强行动。

　　——延缓生命。寻找食物和水；食物和水要节约使用；无饮用水时，可用尿液解渴。

　　——如果受伤，想办法包扎；尽量少活动。

91. 震后救人的原则是什么？

　　——先救近处的人。不论是家人、邻居，还是萍水相逢的路人，只要近处有人被埋压就要先救他们。相反，舍近求远，往往会错过救人良机，造成不应有的损失。

　　——先救容易救的人。这样可加快救人速度，尽快扩大救人队伍。

　　——先救青壮年。这样可使他们迅速在救灾中发挥作用。

　　——先救"生"，后救"人"。唐山地震中，有一个农村妇女，她为了使更多的人获救，采取了这样的做法：每救一个人，只把其头部露出，使之可以呼吸，然后马上去救别人；结果她一人在很短时间内救出了好几十人。

92. 怎样寻找被埋压人员？

——先仔细倾听有无呼救信号，也可用喊话、敲击等方法询问埋压物中是否有待救者。

——如果听不到声音，可请其家属或邻居提供情况。

——根据现场情况，分析被埋压人员可能的位置。

93. 扒挖被埋人员时怎样保证他的安全？

——使用工具扒挖埋压物，当接近被埋人员时，不可用利器刨挖。

——要特别注意不可破坏原有的支撑条件，以免对埋压者造成新的伤害。

——扒挖过程中应尽早使封闭空间与外界沟通，以便新鲜空气注入。

——扒挖过程中灰尘太大时，可喷水降尘，以免被救者和救人者窒息。

——扒挖过程中可先将水、食品或药物等递给被埋压者使用，以增强其生命力。

——施救时尽量先将被埋压者头部暴露出来，清除其口、鼻内的尘土，再使其胸腹和身体其他部分露出。

——对于不能自行出来者，应使其尽量暴露全身再抬救出来，不可强拉硬拽。

94. 应给予被救出人员哪些特殊护理？

——蒙上他的双眼，使其避免强光的刺激。

——不可让其突然进食过多。

——要避免被救的人情绪过于激动，给予他必要的心理抚慰。

——对受伤者，要就地做相应的紧急处理。

95. 如何救治和护送伤员？

——首先要仔细观察和询问伤员的伤情。

——对于颈、腰部疼痛的患者特别要注意让他平卧，并尽量躺在硬板上；搬运时保证其头颅、颈部和躯体处于水平位置，以免造成脊髓损伤。

——昏迷的伤员要平卧，且将其头部后仰、偏向一侧，及时清理口腔的分泌物，防止其呼吸道堵塞。

——给伤员喝水时，一定要先从少量开始，以免大量饮水造成急性胃扩张，导致严重后果。

——可用衣被、绳索、门板、木棍等组合成简易担架搬运伤员。

96. 震后露宿时应注意什么？

——避开危楼、高压线等危险物。

——选择干燥、避风、平坦的地方露宿；在山上露宿时，最好选择东南坡。

——尽量注意保暖，如果身体和地面仅隔着薄薄的塑料布和凉席，凉风与地表湿气向上蒸腾，常常会诱发疾病。

97. 搭建防震棚要注意什么？

——场地要开阔。在农村要避开危崖、陡坎、河滩等地；在城市要避开危楼、烟囱、水塔、高压线等处。

——不要建在阻碍交通的道口，以确保道路畅通。

——在防震棚中要注意管好照明灯火、炉火和电源，留好防火道，以防火灾和煤气中毒。

——防震棚顶部不要压砖头、石头或其他重物，以免掉落砸伤人。

98. 震后哪些食品不能吃？

——被污水浸泡过的食品，除了密封完好的罐头类食品外，都不能食用。

——死亡的畜禽、水产品。

——压在地下已腐烂的蔬菜、水果。

——来源不明、无明确食品标志的食品。

——严重发霉（发霉率在30%以上）的大米、小麦、玉米、花生等。

——不能辨认的蘑菇及其他霉变食品。

——加工后常温下放置4小时以上的熟食等。

99. 灾后如何解决饮水问题？

强烈地震后，城市自来水系统遭到严重破坏，供水中断；乡镇水井井壁坍塌，井管断裂或错开、淤砂；地表水受粪便、污水以及腐烂尸体严重污染；由于供水困难，有时不得不饮用河水、塘水、沟水和游泳池水以及雨水。在这种情况下，为了解决群众饮水问题，首先要将洁净的饮用水尽早运往灾区；同时，要在灾区寻找水源，并对当地水质进行检验，确定能否饮用；对暂不适合饮用的水要进行净化处理，质量合格后才能饮用。

100. 灾后为什么要大力杀灭蚊蝇？

震后，由于厕所、化粪池被震坏，下水管道断裂，污水溢出以及尸体腐烂，加之卫生防疫管理工作可能一时瘫痪，会形成大量蚊蝇孳生地，极易在短时间内繁殖大批蚊蝇，造成疫病流行。因此，必须采取一切有效措施，大力杀灭蚊蝇。